专业
园艺师的
不败指南

图解
蔬菜嫁接
育苗技术

乜兰春 ◎ 主编

中国农业出版社
北 京

图书在版编目（CIP）数据

图解蔬菜嫁接育苗技术/乜兰春主编．—北京：中国农业出版社，2022.7（2024.8重印）
（专业园艺师的不败指南）
ISBN 978−7−109−29704−3

Ⅰ.①图… Ⅱ.①乜… Ⅲ.①蔬菜−嫁接−育苗−图解 Ⅳ.①S630.4−64

中国版本图书馆CIP数据核字（2022）第123219号

中国农业出版社出版
地址：北京市朝阳区麦子店街18号楼
邮编：100125
责任编辑：谢志新　郭晨茜
版式设计：杜　然　责任校对：刘丽香
印刷：北京缤索印刷有限公司
版次：2022年7月第1版
印次：2024年8月北京第2次印刷
发行：新华书店北京发行所
开本：880mm×1230mm　1/32
印张：3
字数：100千字
定价：28.00元

|编辑委员会|

目录
Contents

1

视频目录

注：本书文字内容编写与视频制作时间不同步，两者若有表述不一致，以本书文字内容为准。

Chapter 1 | 第一章 |

蔬菜嫁接基础知识

一、蔬菜嫁接的概念及历史

蔬菜嫁接是有目的地将蔬菜的枝或芽等组织接到另一株带有根系的植株上，二者结合，互相接受运输或产出的养分、水分，成长为一株独立的植株。一般取下的地上部组织称为接穗，用于承接接穗的为砧木。通常，砧木的根系发达，具有抗病性、抗逆性强，吸收水肥能力强，生长势强等优良特点，在嫁接过程中常切掉其子叶以上部分，以带根的茎基部承接接穗。接穗的商品性较好、市场占有量较大，但抗病性、抗逆性差，长势弱，因此，常切掉其根部作为嫁接苗的地上部分。

我国关于蔬菜嫁接的记载最早见于《氾胜之书》，其中记录了瓠苗嫁接生产大瓠的方法。20世纪20年代，日本和韩国开始将蔬菜嫁接技术大面积应用于生产，首先利用葫芦砧木解决了西瓜设施生产的连作障碍问题。随后，蔬菜嫁接逐渐扩展到甜瓜、黄瓜、茄子、番茄等果菜类。20世纪80年代，随着我国北方地区日光温室越冬果菜类蔬菜发展，嫁接技术逐渐得到广泛应用。目前，黄瓜和西瓜嫁接在我国的应用占比已达80%以上。

二、蔬菜嫁接的意义

蔬菜嫁接具有克服连作障碍，增强植株抗病性、抗逆性和生长势，提高产量及品质等综合效应。

1.克服土传病害和连作障碍

蔬菜作物的大面积种植以及多年连作，导致病害逐年积累，连作障碍问题日益突出，包括土传病害加重、土壤理化性状恶化、营养元素平衡被破坏以及自毒抑制加重等，造成蔬菜品质下降、减产甚至绝收。嫁接通过选用抗病砧木，可显著减轻或避免蔬菜作物受黄萎病、枯萎病、根腐病、青枯病以及根结线虫等土传病虫害的危害。通过嫁接换根可有效克服土传病害和连作障碍，能增加同块土地的种植茬次，提高土地利用率。

2.提高蔬菜抗逆性

（1）提高抗寒性 利用抗寒砧木嫁接可以提高接穗品种的抗寒性。刘慧英等报道以日本南瓜、黑籽南瓜、葫芦为砧木嫁接西瓜能显著提高西瓜对低温的忍耐能力，(7.5 ± 0.5) ℃低温处理后嫁接苗的超氧化物歧化酶（SOD）、过氧化物酶（POD）、过氧化氢酶（CAT）活性均显著高于自根苗。于贤昌等研究表明，以黑籽南瓜为砧木的黄瓜嫁接苗经5℃低温处理4d后，在常温下能恢复生长，而自根苗则不能恢复。

（2）提高耐热性 利用耐热砧木也可有效提高蔬菜的耐热性，改善热胁迫下蔬菜作物的生长发育状况。范双喜等以粘毛茄、北农茄为砧木进行番茄嫁接，嫁接苗在高温条件下的游离脯氨酸、蛋白质含量显著提高，体内过氧化物酶和抗坏血酸过氧化物酶（APX）活性明显提升，番茄嫁接苗的抗热能力显著增强。刘成静等报道，西瓜嫁接苗耐热性显著高于自根苗，在高温胁迫下，嫁接苗的超氧化物歧化酶、过氧化物酶、过氧化氢酶活性高于自根苗。

（3）提高耐旱性 砧木与接穗相比，具有较发达的根系，根的分布范围广，有更强的吸水能力，通过嫁接可明显减少水分胁迫对接穗的不利影响，提高其耐旱性。周宝利等报道，与自根苗相比，嫁接茄子苗在一定的水分胁迫下能够维持较好的生长发育状态，保证植株的正常生理活动。

（4）提高耐盐性　采用耐盐砧木，嫁接苗耐盐性增强，可减轻土壤次生盐渍化对蔬菜的影响。阳燕娟等报道，以耐盐砧木Torvum Vigor进行茄子嫁接，嫁接苗的地上部和地下部鲜重、干重均远

茄子嫁接苗

高于自根苗。以南瓜和瓠瓜作为砧木嫁接黄瓜，嫁接苗在盐胁迫下比自根苗具有更高的果实干、鲜重，嫁接可明显减轻土壤积盐和有害物质的危害。

◉ 温 馨 提 示

　　通过嫁接能够明显提高蔬菜作物的耐涝性、耐弱光性以及抗重金属离子胁迫等能力。

3.提高蔬菜产量

　　由于嫁接提高了植株抗病性和抗逆性，且砧木的根系吸收能力强，嫁接苗长势强、整体发育快、生育进程快，有利于提高产量。以茄子品种托鲁巴姆作为砧木，以苏崎茄作为接穗进行嫁接，嫁接苗增产30%以上；以南瓜为砧木进行薄皮甜瓜嫁接，可增产30%～40%。另外，嫁接可延缓植

西瓜嫁接苗

株衰老，延长生育期。如西瓜嫁接可实现多茬多果栽培，茄子、黄瓜嫁接等可实现全年一大茬栽培。例如，叶志彪教授利用野生茄子嫁接成功培育出茄子树，将茄子由草本变成木本。一次种可多年收，四季挂果。在适宜的栽培条件下，茄子树可边开花、边结果，产量是普通茄子的5倍，具有多年生、抗性强、产

量高、品质好等优点。

4.对品质的影响

嫁接对蔬菜品质也具有一定的影响。卢昱宇等报道，以番茄作为砧木嫁接西安绿茄，嫁接茄子的维生素C含量明显

茄子树

高于自根苗，口感与自根苗无差异。嫁接黄瓜的可溶性蛋白和可溶性糖含量比自根苗黄瓜提高了10%～20%，但维生素C含量明显低于自根苗黄瓜，口感和风味品质比自根苗黄瓜稍差。齐红岩等研究表明，以南瓜为砧木嫁接薄皮甜瓜，果实中香气物质总量及特征性酯类物质的相对含量下降，影响了果实的风味品质，某些砧木嫁接后出现苦味和异味。因此，嫁接后蔬菜作物品质变化与砧木及接穗的种类密切相关，应加强对品质无不良影响砧木的筛选。

5.稀缺种质材料繁育

一些稀缺珍贵的品种或种质材料，可利用其侧枝、侧芽作为接穗，通过嫁接快速繁育，加速品种推广和种质创新进程。

三、蔬菜嫁接的方法

蔬菜作物嫁接育苗的方法很多，主要有手工嫁接和机械嫁接，各有其特点和不足之处，适合于不同的蔬菜作物。以下几种方法可供选用：

1.手工嫁接方法

嫁接的方法有多种，常见的有顶插接法、靠接法、劈接法

等方法。

（1）顶插接法　顶插接法就是用刀片或者竹签削除砧木苗的真叶及生长点，用粗细与接穗相当的竹签，从一侧砧木子叶节基部斜插约0.5cm深，再将接穗苗下胚轴削成楔形，随即拔出竹签，将接穗插入（插紧），并使接穗与砧木的子叶展开方向交叉呈"十"字形。该方法不需用嫁接夹等固定，操作简便易行，接点距地面较高，接穗不易产生自生根。

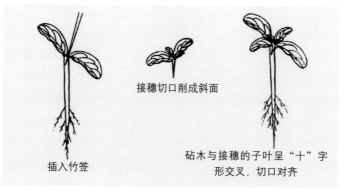

接穗切口削成斜面

插入竹签

砧木与接穗的子叶呈"十"字形交叉，切口对齐

顶插接法示意

（2）劈接法　将茎粗细相近的砧木苗和接穗苗在茎处横截，将剪下的接穗下部削成楔形，再将砧木从横截处中间自上而下劈开一个小口，然后将接穗插入砧木切口固定形成嫁接苗。

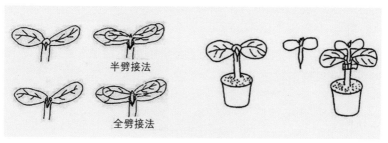

半劈接法

全劈接法

劈接法示意

（3）贴接法　贴接法要求砧木苗切除子叶处真叶、一片子叶和生长点，形成椭圆形、长约毫米的切口。接穗苗在子叶下方向下斜切一刀，切口大小应和砧木切口一致，然后将接穗沿切口斜面贴在砧木切口上后固定。贴接法要求砧木和接穗的胚轴径应尽量接近，以利于伤口愈合。该嫁接方法嫁接速度快，成活率高，接口愈合好，接穗恢复生长快，对蔬菜适应性广。

（4）套管接法　砧木苗和接穗苗同时播种，到了嫁接适期，将砧木苗茎在子叶上方、真叶下方斜向下切断，接穗苗在相同部位、按同样的角度切断，用一塑料套管（一边开口）套在砧木茎处，再将接穗断面插入塑料套管中，注意使砧木和接穗的两个切面贴紧即可。随着秧苗的生长，塑料套管可自动脱落。

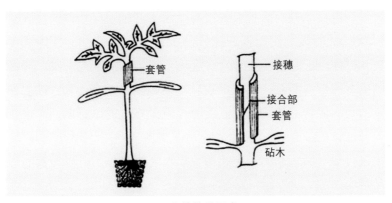

套管接法示意

（5）靠接法　将接穗苗与砧木苗相同高度切出相互嵌合的伤口，将接穗苗与砧木苗靠近，将二者伤口接合后固定，成活后将砧木苗接合处上部去掉，将接穗苗接合处下部去掉，留下的部分形成一株新的植株。此方法因嫁接前期接穗和砧木均保留根系，所以容易成活，便于操作管理。

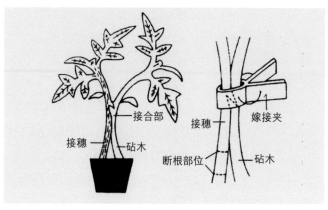

靠接法示意

（6）断根插接法　断根插接法与顶插接法在操作上基本相同，不同之处是嫁接操作时顶插接法的砧木带根，而采用此法时需切除砧木原有的根系。用与砧木下胚轴粗度相似的扦子在营养钵中插孔，然后将插接好的苗扦插于插孔中，扦插深度1cm左右。断根插接法的效率可比顶插接法提高近一倍，同时因砧木需要发新根，所以根系较发达，砧木不易徒长。需要注意的是，嫁接完毕的苗，应暂时存放于潮湿的纸箱内，以便集中扦插；一般在扦插后4d才开始发出新根，应从3d开始在早、晚进行短时间见光，当子叶稍有萎蔫即停止见光。7d后转入正常管理。

（7）轴接法　将砧木苗下胚轴中间位置用刀片横向切断，在茎中间插1个连接针（此针由陶瓷制成，粗约0.3mm，长1.5cm），一半插入，一半留在外面。再取接穗苗，在下胚轴适当的位置横向切断，要求切断处的粗细与砧木粗细大体相等，且不宜太长，一般以1～2cm为宜，将接穗插在砧木的连接针上即可。注意，要将砧木和接穗的切面对严，并保持嫁接苗呈直立状态。轴接法是一种先进的嫁接方法，该方法操作简单，效率高，在部分国家或地区茄果类和瓜类蔬菜生产中被普遍采用。

2.机械嫁接法

嫁接苗由于其明显的优势应用面积非常广泛，但蔬菜人工嫁接费力费时，特别是对专门从事种苗生产的基地来说，成本高、劳动强度大。嫁接机器能够自动化、半自动化（需手动）完成嫁接操作。该机器可在极短的时间内把茎直径为几毫米的砧木、接穗的切口贴合并固定，使嫁接速度大幅度提高。同时，由于砧木、接穗接合迅速，避免了切口长时间氧化和苗内液体的流失，从而大大提高了嫁接成活率。

蔬菜自动嫁接机器由接穗、砧木自动供苗系统和接穗、砧木自动搬运系统及接穗、砧木切削系统、自动供夹系统、嫁接后排苗系统等部分组成。在实际嫁接操作过程中，砧木生长点的切削必须要准确、无误、干净，只有这样才能使砧木和穗木做到良好地贴合，这是实现较高的嫁接成活率的关键之一。为了满足这个要求，蔬菜嫁接机器在上述系统的基础上增加砧木生长点的自动识别系统，以确保砧木生长点的切削准确性。

嫁接机器

四、嫁接苗成活过程

蔬菜幼苗嫁接成活过程需7～10d，经历以下阶段。

第一阶段：砧木和接穗切口机械结合，形成接触层，一般认为接触层是砧木和接穗切面上一些被切坏的细胞壁和细胞内容物的沉积，这个阶段大概需要24h。

第二阶段：砧木和接穗切口形成层和薄壁细胞在切伤的刺激下旺盛分裂，形成愈伤组织，将砧木和接穗连接在一起，砧穗间细胞通过胞间连丝开始水分和养分的传递交流，此阶段需要2～3d。

第三阶段：随着砧穗间愈伤组织的增殖，接触层消失，砧穗间愈伤组织由紧密相连到融为一体，难以区分，此阶段需要3～4d。

第四阶段：砧穗间愈伤组织中发生新的维管束，彼此连接贯通，砧木、接穗真正形成一个完整的植物体，如此，砧木根系吸收的水分和矿质营养等可以通过输导组织供给接穗生长，接穗同化的光合产物也可以通过输导组织运输到根部。此阶段一般在嫁接后7～10d完成。

五、影响嫁接苗成活的因素

嫁接成活率既受嫁接亲和力、砧木及接穗质量等内在因素影响，也受到环境条件、嫁接技术等外部因素影响。

1.内在因素

（1）嫁接亲和力　嫁接亲和力是指砧木和接穗形成层密接

后愈合成活并正常生长发育的能力。嫁接亲和力是嫁接成活的最基本条件，也是嫁接成活的决定性因素。砧木与接穗在形态、结构、生理特性、遗传特性等方面近似程度越高，亲缘关系越近，嫁接亲和力越高，嫁接成活率则越高，反之，嫁接成活率越低。例如，蔬菜作物品种间嫁接较易成活，而种间次之，不同科之间嫁接成活则更为困难。

（2）砧木、接穗质量 砧木、接穗质量是指砧木与接穗的生长发育状况、健壮程度，是影响嫁接成活率的直接因素。发育良好、无病虫危害、健壮的植株生命力强，储存营养物质多，嫁接后容易成活，成活后生长发育状况也较好。病苗、弱苗嫁接后不易成活，即使勉强成活，发育状况也较差。

（3）砧木与接穗苗龄 砧木与接穗苗龄也是影响嫁接成活率的重要因素。苗龄小，愈合及生长缓慢；苗龄过大，茎部木质化程度高，不利于愈伤组织的形成。应根据蔬菜种类、嫁接方法确定砧木与接穗嫁接时的适宜苗龄。

2.外部因素

（1）嫁接技术 嫁接技术是嫁接成活率的重要影响因素，在嫁接过程中，应保证砧木与接穗的削面平滑、削面斜度及长度适当，保证砧木与接穗紧密连接。同时，应注意嫁接所用竹签、刀片要干净，固定要牢靠、不松动，尽量减少不必要的机械损伤。

（2）嫁接后的管理 在嫁接及嫁接后成活过程中，接穗根系被切断，失去水分和养分来源，为保证接穗不发生萎蔫失水，必须保证嫁接苗处于高湿和弱光条件下；同时为促进伤口愈合，还要保证适宜的温度。

①温度。在一定范围内，温度越高，伤口愈合越快。嫁接

后前3d要保持适当高温，黄瓜以白天气温25～28℃、夜间气温17～20℃为宜；西瓜和甜瓜适宜白天气温25～30℃，夜间气温23℃左右；番茄适宜白天气温23～28℃，夜间18～20℃。3d后可适当降低温度1～2℃。温度高时应适当遮光降温。

一般来说，嫁接后前3d是嫁接苗成活的关键。

②湿度。较高的空气湿度有利于愈伤组织的形成，空气干燥会影响愈伤组织的形成并易造成接穗失水。嫁接前，应将基质浇透水，嫁接后立即喷雾并用薄膜覆盖保湿。嫁接后前3d空气湿度保持在90%～95%，维持高湿状态，3d后可适当降低空气湿度，以85%～90%为宜。

③光照。嫁接成活过程中，尽量避免阳光直射，减弱蒸腾作用，防止接穗萎蔫。此外，弱光有利于愈伤组织生长。因此，嫁接后可用遮阳网遮阳，3～4d后揭开部分遮阳网，适当增加光照量，7～10d嫁接苗成活后恢复正常光照管理。

④气体。为满足砧木与接穗连接处形成层细胞呼吸氧气消耗以及光合作用的需要，嫁接苗也应适当通风换气，但换气后需注意喷雾保湿。

（3）病虫害防治　病虫害的发生也是导致嫁接失败的重要因素。嫁接操作不规范、土壤带菌、高温高湿条件，常滋生病菌，且病菌易从嫁接伤口处侵入嫁接苗，导致嫁接口难以愈合，植株染病死亡。刺吸性害虫如蚜虫、粉虱等可聚集于嫁接口及接穗嫩叶危害，甚至导致煤污病、病毒病的发生。应加强嫁接前后幼苗的病虫害综合防控。

Chapter 2 | 第二章 |

蔬菜嫁接育苗设施与装备

一、育苗设施

根据当地实际情况，可采用日光温室、塑料大棚或智能温室开展蔬菜集约化嫁接育苗。

1.日光温室

日光温室冬季增温保温性能好，辅以增温保温措施，可进行果类蔬菜的冬季育苗；夏季再配以遮光降温系统，可实现周年集约化育苗，适合北方地区应用。

育苗用温室有加温设备，后墙带通风口

配水帘风机的育苗用日光温室

2.塑料大棚

塑料大棚具有投资小、土地利用率高的特点，适合北方地区夏季育苗，南方温暖地区也可用于春、夏、秋季甚至周年育苗。夏季应配遮光降温设备等。塑料大棚可3～5连栋建设，以钢架结构为好，也可根据实际情况采用钢竹混合结构或竹木结构。

钢架结构育苗用塑料大棚

竹木结构育苗用塑料大棚

3.智能温室

智能温室环境调控能力强，能为蔬菜幼苗提供更为适宜的环境条件。智能温室一次性投入高，运行成本也高，特别是在北方，秋、冬季增温能源消耗大，实践证明，北方小型经营主体不太适合发展智能温室，更适合采用育苗专用型日光温室进行育苗。

育苗用智能温室

二、配套装备

1.环境调控系统

（1）增温、保温系统　冬季育苗需要适时增温、保温，智能温室建造时应配套建设增温系统及保温系统，必要时还可内部临时架设小拱棚保温。日光温室应根据区域和升温需要，采用燃气或电加温锅炉蒸汽增温，或采用热风机或热风炉方式增温，为提高增温效率，还可利用电热线或热水管对苗床进行局部增温。在保温方面，除了利用保温被进行外保温外，还可采取内设二道幕及小拱棚多层覆盖方式进行内保温。

热风炉

铺设在日光温室南侧的热风传送带

设置在温室南侧一端的热风机

设在日光温室后墙的热风机　　　　地暖（管）增温设施

日光温室冬季设二道幕保温

（2）补光系统　冬季光照不足时，应采取补光措施。目前普遍采用高压钠灯，也可在育苗架上设LED灯进行补光。高压钠灯价格低，且有增温作用，适合低温季节使用，吊挂高度及间距应按产品说明确定。LED灯可进行光谱设计，为冷光源，但成本较高。另外，日光温室育苗还应采取保持棚膜干净、保温被早揭晚盖、在后墙设置反光幕等综合措施增加光照。

补光灯

（3）遮光降温系统　无论是智能温室、日光温室，还是塑料大棚，夏季育苗遮光降温都非常重要。智能温室在建造时一般都配套内外遮阳系统，结合机械通风和水帘风机系统进行遮光降温。日光温室和塑料大棚应设置遮阳网，并能保证有效地通风，如日光温室在后墙设置通风口。也可在温室东、西山墙分别安装水帘风机，或在东、西山墙安装风机，北侧后墙安装湿帘，以利于降温。

蔬菜工厂化育苗中水帘风机的应用

智能温室的外遮阳系统及水帘风机系统

塑料大棚利用遮阳网遮光降温

日光温室山墙上的风机

2.育苗床

育苗场所采用的苗床有以下几种形式。

（1）地床　地面做苗床，上面直接放穴盘育苗。这种方式节省投入，一般在新建的、规模较小的苗场使用。但费工费力，劳动效率低。

地床

（2）固定式苗床 有竹木或钢材结构，要注意用材的耐腐蚀性、抗压和承重能力，高度一般0.5～1.0m。这种苗床较地床操作方便，但由于不可移动，需每隔1～2个苗床留一个操作道，土地利用率和劳动效率较低。

固定式竹木结构苗床

固定式钢材结构苗床

（3）可移动苗床 可移动苗床土地利用率高，劳动效率高，提倡规模化育苗场采用可移动苗床。

可移动苗床

（4）潮汐苗床 潮汐苗床与潮汐灌溉系统配合使用，成本较高，技术水平要求也高。

潮汐苗床

23

（5）立体苗床　可实现多层立体育苗，但正常育苗需要人工光源，成本较高，适宜植物工厂应用。或者在催芽室、嫁接后愈合室内使用。

3.育苗盘

育苗穴盘标准尺寸为540mm×280mm，有平盘和穴盘两类。平盘多用于培育接穗苗。穴盘因穴孔直径不同，孔穴数在18～800孔之间，蔬菜育苗根据蔬菜种类和苗龄大小要求不同，以32～128孔穴盘为宜，茄果类和瓜类等果菜育苗多选用50孔或72孔穴盘，大苗龄育苗可选用32孔穴盘。穴盘穴孔形状有方形和圆形，深度相同的情况下，方形穴孔所含基质一般要比圆形穴孔多，水分分布亦较均匀，幼苗根系发育更加充分。一般穴盘穴孔深在6.0cm以下，高脚穴盘穴孔深可达9.0cm以上。高脚穴盘适用于机械搬运，应用于西瓜、甜瓜等的育苗，更有利于培育具有发达根系的壮苗。

平盘（下）和穴盘（上）

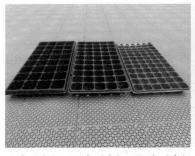

2孔（左）、50孔（中）、72孔（右）穴盘

高脚穴盘（上）与普通穴盘（下）比较

4.灌溉系统

根据具体情况可选择固定式灌溉、自走式灌溉车或潮汐式灌溉方式。

固定式灌溉是利用软管配细孔压力喷头进行人工灌溉，需要根据水进入喷头前的压力、水从喷头喷出后所形成水雾的形状以及覆盖面积、喷头的流量等选择合适的喷头，这种方式投资少，但人工操作存在浇水不均的问题。有条件的最好安装自走式灌溉车，省工省力，灌溉均匀，但要根据水压、流速等确定喷灌车高度，以防喷水的冲力太大，将基质冲出穴孔。固定式灌溉和自走式灌溉车灌溉都应配备蓄水池。

固定式灌溉

自走式灌溉车

潮汐式灌溉系统主要由营养液循环系统（灌溉水箱、回收水箱、沉淀小水池、循环水泵、管路等）、营养液消毒系统、营养液浓度检测系统、营养液浓度管理系统、控制系统等部分组成，成本高、技术要求高，适合有实力的企业在智能温室中应用。

潮汐式灌溉系统

5.播种及其他装备

育苗场应配备基质搅拌机，规模化育苗应配备自动播种机或自动播种流水线，配置催芽室等。

基质搅拌机

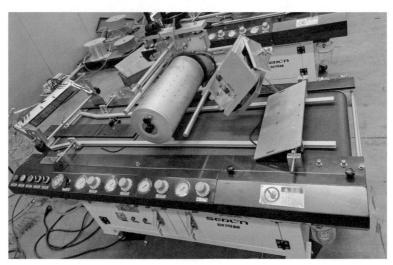

自动播种机

自动播种流水线

催芽室

6.植保系统

应加强育苗场所病虫害的防控工作。穴盘等用具要消毒，在设施的通风口和门口要设置40目以上的防虫网，育苗期间吊挂黄色、蓝色粘虫板，利用杀虫灯、性诱剂、硫黄熏蒸罐等防控病虫害。

防虫网 硫黄熏蒸罐

三、嫁接场所、装备与用具

1.嫁接场所

嫁接场所通常安排在育苗温室内，条件应符合要求，必要时与其他操作区域用塑料薄膜隔开。

嫁接场所

29

嫁接场所需要适当遮光，温度20～25℃，空气湿度要高，以防接穗萎蔫。还要保证嫁接后能方便快速地将嫁接苗移入苗床或愈合室进行愈合期的管理。

2.嫁接相关装备

可利用育苗床作为嫁接操作台，也可设置临时嫁接操作台，或配置专用嫁接操作台，有条件的可配置嫁接愈合室及可移动苗盘架。随着科技的发展，目前已有嫁接机器投入使用，且该技术逐渐成熟。

利用苗床作为嫁接操作台

临时嫁接操作台

专用嫁接操作台

嫁接愈合室

嫁接愈合室内部

可移动苗盘架

嫁接机器嫁接操作

3.嫁接用具

　　嫁接用具包括刀片、竹签、嫁接夹、套管及防护手指套等。刀片可使用单面或双面剃须刀片，要求刀口锋利；竹签可自制，要求先端0.5~1.0cm呈楔形。嫁接夹依据蔬菜种类可在专业厂家购买，有塑料嫁接夹和硅胶嫁接夹。塑料嫁接夹有方口和圆口类型，一般方口类型用于瓜类蔬菜，圆口类型用于茄果类蔬菜。硅胶嫁接夹弹性大，随着幼苗生长可自行脱落。生产中应依据蔬菜种类和实际情况选用不同类型嫁接夹。另外，因嫁接方法不同所需用具也有所差异，如贴接法、劈接法不需要竹签，茄果类蔬菜套管接用套管固定，不需要嫁接夹。茄果类蔬菜由于苗龄大、幼茎木质化程度高，操作人员最好配防护手指套，以防切削过程中手指受伤。嫁接前所有嫁接用具均用70%的医用酒精消毒。

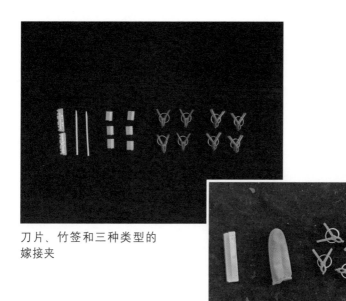

刀片、竹签和三种类型的
嫁接夹

刀片、防护手指套和嫁接夹

透明软质嫁接夹

套管（浙江省台州市路桥苗乐塑料
厂 章仙华供图）

Chapter 3 | 第三章 |

瓜类蔬菜嫁接育苗技术

一、育苗容器的选择与消毒

小苗龄（2叶1心）砧木育苗选用72穴盘；大苗龄（3~4叶1心）育苗砧木选用50孔聚苯乙烯（PS）穴盘；更大苗龄建议砧木选择32孔穴盘。若后期机械化搬运，可选用高脚穴盘。接穗可用平底育苗盘，也可用50孔、72孔或105孔穴盘。50孔穴盘每孔播3粒种子，72孔穴盘每孔播2粒种子，105孔穴盘每孔1粒种子。穴盘使用前应消毒，可用40%甲醛100倍液浸泡穴盘15~20min，然后在上面覆盖一层塑料薄膜，闷闭1周左右，用清水冲洗干净使用。也可用50%可湿性多菌灵800倍液或高锰酸钾1 000倍液浸泡穴盘10min。

用高锰酸钾对穴盘进行消毒

二、育苗基质的选择与消毒

育苗基质应具备良好的保水、保肥、通气性能和根系固着力，可购买优质商品基质，也可自行配制，一般选用草炭、蛭石、珍珠岩作为基质成分，草炭、蛭石、珍珠岩可按照3：2：1（体积比）比例混合。草炭应选用性质稳定的优质草炭。此外，也可用适量田园土、腐熟农家肥、草木灰、复合肥等配制营养土。基质应具有良好的理化性质，按照国家标准《蔬菜育苗基质》（NY/T 2118）要求，基质主要理化性质应满足pH5.5～7.5、EC值0.1～0.2mS/cm（1：10体积稀释法）、容重0.2～0.6g/cm³、总孔隙＞60%、通气孔隙＞15%、持水孔隙＞45%、气水比1：（2～4）。

营养土的配制（以黄瓜为例）

自配基质使用前，应进行消毒，可将40%甲醛稀释50～100倍，均匀地喷洒在基质上。每立方米基质喷洒20～40L，充分混拌均匀后，用塑料薄膜覆盖封闭24～48h，揭膜后将基质摊开，风干2周或暴晒2～3d，达到基质中无甲醛气味后方可使用。或每立方米基质均匀拌入50%多菌灵粉剂50g，用薄膜覆盖3～4d，揭膜1周后使用。使用前，使基质含水量达50%～60%，即用手紧握基质，有水印而不形成水滴为宜，播种前将基质装入穴盘或平盘中，装盘时以基质恰好填满育苗盘的孔穴为宜，稍加镇压，抹平即可。

基质消毒　　　　　　　　　人工播种基质湿度

三、接穗和砧木品种的选择

接穗品种应选择符合市场需求，抗病性、抗逆性强，丰产性好，品质优的品种。砧木选择抗病性、抗逆性强，与接穗嫁接亲和力强、共生性好，且对接穗品质无不良影响的专用砧木。主要瓜类蔬菜嫁接常用砧木见下表。

主要瓜类蔬菜嫁接常用砧木

蔬菜种类	主要砧木及特性		
	砧木类型	品种	特性
黄瓜	南瓜	霸图430、霸图57、霸图613	抗病、耐低温，适宜越冬及冬春茬
		砧见抗1928、霸图730	抗病、耐热，适宜越夏及夏秋茬
西瓜	南瓜	砧西316、丰图锦毛虎、京欣砧8号、日本雪松	抗低温、抗病性强，适合越冬茬，应注意对品质是否有影响
	葫芦	京欣砧1号、皖砧5号、沪砧2号、强丰、圣砧2号	抗病性、抗逆性较强，适合早春及夏秋茬，对品质影响小
	野西瓜	大维根砧13、大维根砧15、勇士、昌砧勇士	抗病性、抗逆性较强，适合早春及夏秋茬，对品质无不良影响
甜瓜	南瓜	沐耕719、沐耕819、圣砧1号、辽砧1号、新土佐	抗低温、抗病性强，适合越冬茬，应注意对品质是否有影响
	甜瓜	健脚、大井、甬砧9号、亲密1号	抗病性、抗逆性不如南瓜砧木，对品质无不良影响
苦瓜	南瓜	新土佐系列、黑籽南瓜	耐低温、抗病性强，根系发达，长势强，适合低温季节
	丝瓜	银砧1号等	耐涝、耐热，适宜夏秋季栽培
西葫芦	南瓜	黑籽南瓜、新土佐系列	耐低温、抗病性强，根系发达，长势强，适合低温季节
冬瓜	南瓜	新土佐系列、黑籽南瓜等	耐低温、抗病性强，根系发达，长势强，适合低温季节
丝瓜	南瓜	黑籽南瓜	耐低温、抗病性强，根系发达，长势强，适合低温季节

四、砧木苗和接穗苗的培育

1.棚室及用具消毒

设施消毒每立方米空间用硫黄4g、锯末8g，混匀，放在容器内燃烧，也可用三氯异氰尿酸钠氧化消毒剂，密闭24h，气味散尽后使用。育苗器具和生产工具，可用1%～2%的甲醛溶液均匀喷撒或洗刷进行消毒。

消毒后的嫁接夹晾晒后备用

2.砧木与接穗的播期

采用贴接法时，接穗应比砧木早播5～7d；采用顶插接的，砧木比接穗早播5～7d。具体播期应根据客户要求、苗龄及季节确定。

3.种子处理

采用机械播种的，种子无须处理，可直接播种，但应根据不同种类，选择适宜播种机。人工播种最好先浸种催芽。包衣种子可用常温水浸种，未包衣种子可能携带各种病原，应结合浸种进行消毒。消毒方法有温汤浸种和药剂浸种。

种子处理
（以黄瓜为例）

（1）温汤浸种　先将种子晾晒3～5h，然后置入55℃的热水中不断搅拌，并保持55℃水温15min，水温降至常温后，继续浸种，温汤浸种可消灭种子表面携带的多种病原。

（2）药剂浸种　种子先用清水浸种0.5～1h，然后放入配好的药液中，或用10%磷酸三钠溶液浸种20～30min（预防病毒病）；或用50%多菌灵500倍液浸种1～2h（预防真菌性病害）；或用0.2%高锰酸钾液浸种30min（预防细菌性病害），捞出后用清水冲洗干净，再继续浸种。

近年来，西瓜、甜瓜果腐病日趋严重，带菌种子是重要传播途径，可用40%甲醛200倍液浸种30min，或1%的盐酸浸种5min，或1%次氯酸钙浸种15min，或杀菌剂1号200倍液浸种1h后，再用清水浸泡5～6次，每次30min。

另外对于葫芦等种皮厚、吸水困难、发芽慢的种子，可用赤霉素浸种，以促进其发芽整齐一致，方法是先清水浸种1～2h，再用100μL/L的赤霉素浸种1～2h后，稍晾干，再继续浸种。药液浸种结束后，洗净种子，除去药味，继续用清水浸种，不同瓜类蔬菜种子浸种时间见下表。

（3）催芽　浸种后的种子捞出，搓洗干净，若人工播种，可在恒温催芽箱或铺有地热线的温床上或催芽室内催芽，催芽期间每天清水淘洗1次，待大部分种子露白后播种。不同种类蔬菜催芽温度及催芽时间见下表。

主要瓜类蔬菜及其砧木适宜催芽时间、催芽温度和时间

种类	浸种时间（h）	催芽温度（℃）		催芽时间（h）
		白天	夜间	
黄瓜	4～6	25～28	18～20	36～48
西葫芦	4～6	25～28	18～20	36～48
西瓜	4～6	28～32	18～20	36～48
甜瓜	4～6	28～32	18～20	36～48
丝瓜	24～48	28～32	18～20	72～120
苦瓜	24～48	28～32	18～20	72～120
冬瓜	12～24	28～32	18～20	72～120
南瓜（砧木）	4～6	28～30	18～20	36～48
葫芦（砧木）	12～24	25～30	18～20	72～120

4.播种及播后管理

（1）人工播种 将基质拌湿，手握成团，水不外渗即可，然后将基质装入穴盘，使每个穴盘基质容量一样。砧木种子播种在已装好基质的穴盘内，每穴1粒，种子平放。接穗种子播于装好基质的平盘内，每标准平盘播1 000～1 500粒。播后上覆1～1.5cm厚的消毒基质，淋透水。白天温度保持28～30℃，夜间温度保持18～20℃，可在穴盘表面覆盖地膜，有利于保温、保湿，有条件的应置入催芽室。50%种子顶土时移出催芽室，揭去表面覆盖的地膜，移入育苗室，白天温度保持22～25℃，夜间温度保持16～18℃，保持基质湿度80%～90%，注意增强光照。播种在平盘里的接穗苗及播种在穴盘里的砧木南瓜苗见下图。

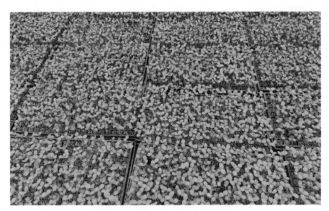

播种在平盘里的黄瓜接穗苗

播种在穴盘里的砧木南瓜苗

（2）机械播种 可根据种子的大小选择相配套的播种机。半自动化穴盘播种机，每小时可播种300盘左右；全自动播种机，自动填装基质、摆盘、播种、覆土、喷水，每小时播种900盘左右。机械播种后可按上述催芽条件催芽，一半以上种子顶起基质时移入育苗室进行温度、湿度和光照管理。

五、嫁接

瓜类蔬菜常用的嫁接方法为贴接法和顶插接法。

1.适宜嫁接时期

贴接法适宜嫁接时期为砧木第一片真叶露和接穗第一片真叶展开；顶插接法适宜嫁接时期为砧木第一片真叶展开，接穗子叶充分平展、真叶显露。

贴接法嫁接适宜时期（左：接穗苗；右：砧木苗）　顶插接法嫁接适宜时期（左：接穗苗；右：砧木苗）

2.嫁接前准备

嫁接前1d接穗和砧木苗浇足水，喷5%多菌灵杀菌。夏季提前搭好遮阳棚。嫁接前操作人员洗净手，用75%酒精消毒。

3.嫁接方法

（1）贴接法　嫁接时，用刀片从砧木一片子叶的基部斜向下30°切掉砧木的生长点和另一片子叶，留下1片子叶，切口长度约0.5cm；在接穗子叶下方约1cm处的幼茎上用刀片斜向下30°切去接穗下部幼茎及根系，切口与砧木的切口相吻合；将接穗与砧木的切口紧贴在一起，用嫁接夹固定。操作步骤详见下图。

1

削去砧木生长点及1片真叶

2

削去生长点及1片子叶后的砧木

3
削接穗

4
接穗和砧木的切面贴合

5
用嫁接夹固定

6
完成嫁接

西瓜、甜瓜等的嫁接以侧枝作为接穗也可采用贴接法，成活率较高。接穗植株需要提前2个月左右播种，培养出有侧枝的成株，嫁接前需要到成株上采集侧枝作为接穗，采下的侧枝应注意保湿，防止萎蔫，侧枝粗细与砧木幼茎粗细相近为宜。将侧枝削断，每段1片叶，切口与砧木切口相吻合，将叶腋处有侧芽的茎段切口与砧木切口贴合，并用嫁接夹固定即可。操作步骤详见下图。

1 选取甜瓜侧枝

2 准备好南瓜砧木及甜瓜侧枝

3 将砧木削好

4

将侧枝削成小段，每段带1片叶，作为接穗

5

将接穗切口与砧木切口对齐

6

将接口固定后形成嫁接苗

　　需要注意的是，西瓜、甜瓜侧枝叶腋处易发生雌雄花，嫁接成活后应及时疏除接穗上产生的花及下面的黄叶。操作步骤详见下图。

西瓜侧枝嫁接苗待去除花

（2）顶插接法　两人配合效率高，A取砧木苗，用竹签去生长点后，从砧木一侧子叶基部向另一侧胚轴内斜插至对面皮层，深约0.5cm；同时，B取接穗，在距子叶0.5～1cm处将接穗幼茎削成楔形切面，递给A；A将插入砧木的竹签拔出，将削好的接穗插入，接口用嫁接夹固定。操作步骤详见下图。

去生长点

削接穗

砧穗接合

1 用竹签去掉砧木生长点和真叶

2 砧木插入竹签

3 插好竹签后的砧木

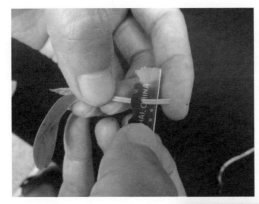

4 削下接穗，使切面呈楔形

5 拔出砧木上的竹签，插入削好的接穗

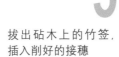

6 用嫁接夹固定后完成插接

49

4.嫁接苗管理

　　嫁接苗要经愈合期精细的温度、湿度和光照管理才能成活，成活后也需一系列管理才能成长为适龄壮苗。有关愈合期和成活后的管理详见第五章。

嫁接苗上覆盖地膜

放在苗床下面

苗床上架设小拱棚

嫁接苗遮光管理

Chapter 4 ｜第四章｜

茄果类蔬菜嫁接育苗技术

一、育苗容器的选择与消毒

番茄、辣椒砧木苗播种选用72孔聚苯乙烯（PS）穴盘；茄子砧木苗播种选用50孔穴盘。接穗苗可直接播种在地床上或平盘里，其他可参照第三章相应部分。

二、育苗基质的选择与消毒

可参考第三章相关内容，只是茄果类蔬菜苗期长，对基质营养要求更高，最好采用茄果类蔬菜育苗专用基质配方。

三、接穗和砧木品种的选择

接穗品种应选择符合市场需求，抗病性、抗逆性强，丰产性好，品质优的品种。砧木应选择抗病和抗逆性强、与接穗嫁接亲和力强、共生性好、对接穗品质无不良影响的品种。番茄、辣椒可选用抗土传病害和根结线虫的品种或野生类型作为砧木；茄子可选用野生茄子托鲁巴姆作为砧木。茄果类蔬菜常用砧木见下表。

主要茄果类蔬菜嫁接常用砧木

蔬菜种类	主要砧木及特性		
	砧木种类	品种	特性
茄子	野生茄子	托鲁巴姆	生长势强、抗病性及抗逆性强，但种子休眠性强，不易发芽，幼苗期生长缓慢

（续）

蔬菜种类	主要砧木及特性		
	砧木种类	品种	特性
番茄	野生番茄或高抗品种	赣番茄砧1号，桂砧1号、桂砧3号、科砧1号、科砧2号、绿-787、千叶番茄等	抗病、抗逆、抗根结线虫，应根据生产区域、茬口及嫁接目的选择
辣椒	野生辣椒	格拉夫特、威壮贝尔F1、神威、碧丽娜、艾苏卡、瑞缇娜	抗病、抗逆、抗根结线虫，应根据品种类型、生产区域、茬口及嫁接目的选择

四、砧木苗和接穗苗的培育

1.棚室及用具消毒

参照第三章相关内容。

2.砧木苗与接穗苗的播期

砧木苗与接穗苗的播期应考虑砧木与接穗的生长特性、嫁接方法等。劈接法要求砧木苗幼茎比接穗稍粗，若二者生长速度一致，砧木苗应比接穗苗早播5～7d；采用贴接时，要求砧木苗与接穗苗大小一致，若二者生长速度一致，则应同时播种。

了解砧木苗和接穗苗的生长特性，对合理确定砧木和接穗的播期十分重要，茄子砧木托鲁巴姆幼苗前期生长缓慢，应比接穗提前20~30d播种。另外，还应考虑客户对苗龄的要求及育苗季节。

3.种子处理

采用机械播种的，种子无须处理，可直接播种，但应根据不同种类，选择适宜播种机。

种子处理
（以番茄为例）

人工播种最好先浸种催芽。包衣种子可用常温水浸种。未包衣种子应结合浸种进行消毒。温汤浸种及药剂消毒方法可参照第三章相关部分。对于休眠性强的野生砧木如托鲁巴姆，可用赤霉素浸种以打破休眠，促进其发芽整齐一致。方法是先清水浸种1~2h后，再用200mg/L的赤霉素浸种12~24h，稍晾干，再继续浸种。茄果类蔬菜催芽温度及催芽时间见下表。

主要茄果类蔬菜及其砧木适宜浸种时间、催芽温度和时间

种类	浸种时间	催芽温度（℃）		催芽时间
		白天	夜间	
番茄及其砧木	6~8h	25~28	18~20	3~5d
辣椒及其砧木	8~12h	25~30	18~20	4~6d
茄子	12~24h	28~30	18~20	5~7d
托鲁巴姆	24~36h	30~35	18~20	5~7d

4.播种及播后管理

茄果类蔬菜种子小，人工播种不便，最好采用机械播种。接穗苗播种也可人工撒播在地苗床上。对于茄子砧木托鲁巴姆，苗期生长缓慢，苗龄长，可先撒播在平盘里，之后再分苗到穴盘里。播后覆盖1cm厚的消毒基质，淋透水。辣椒、番茄及茄子白天温度控制在28～30℃，托鲁巴姆控制在30～35℃；夜间温度控制在18～20℃，有条件的可置入催芽室。50%种子顶土时移出催芽室，并给予白天22～25℃的温度条件，夜间15～18℃的温度条件，保持基质湿度80%～90%为宜，注意增强光照。

播种的接穗苗

樱桃番茄育苗盘基质育苗

播种在平盘里的托鲁巴姆幼苗

播种在穴盘里的砧木如托鲁巴姆在2叶1心时可按幼苗大小分苗到穴盘里，分苗后缓苗期间应保证基质水分充足，缓苗适宜温度白天25～30℃，夜间15～18℃。

托鲁巴姆

温馨提示

强光高温季节的中午还应注意适当遮光，缓苗后恢复正常管理。

缓苗前适当遮光

缓苗后的托鲁巴姆幼苗

五、嫁接

茄果类蔬菜常用的嫁接方法有贴接法、套管接法和劈接法。

1.适宜嫁接时期

贴接法和套管接法要求砧木与接穗幼茎粗细相同，砧木苗和接穗苗4～5片真叶时为嫁接适期，下图分别为番茄贴接法或者套管接法前适宜苗龄的砧木苗和接穗苗。

番茄砧木苗

57

番茄接穗苗

劈接法要求砧木幼茎比接穗幼茎稍粗，一般当砧木有5～6片真叶，接穗苗有4～5片真叶为嫁接适期，下图分别为茄子劈接法适宜苗龄的砧木苗和接穗苗。

茄子劈接前的砧木
托鲁巴姆幼苗

茄子劈接前的接穗苗

2.嫁接前准备

参考第三章相关内容。

3.嫁接方法

（1）贴接法　操作时，用刀片在砧木苗第一片真叶下方或上方节间处斜切，切面呈30°，斜面长约1.0cm；接穗保留2～3片真叶，斜切成与砧木斜面方向相反的斜面，长约1.0cm，与砧木切面相对应。将2个切面对齐贴合，用嫁接夹固定，以上操作可两人配合完成。

1 削砧木

2 削好的砧木

3

削接穗

4

削好的接穗

5

砧木与接穗切口贴
合，用嫁接夹固定

6 嫁接完成

（2）套管接法　操作时，砧木和接穗切削方法与贴接法相同，只是砧木切削好之后，先将嫁接专用套管套在砧木上，切口位于套管中部，再将削好的接穗插入，使两切面对齐并固定。

套管套在削好的砧木上
（章仙华　供图）

将削好的接穗插入套管，切面与砧木切面对齐并固定（章仙华　供图）

成活后的套管嫁接苗（章仙华　供图）

（3）劈接法　嫁接时，用刀片横切去掉砧木苗上部，留茎段5～6cm高，再于横切面中间自上而下垂直切一刀，切口深约1cm；接穗留上部2～3片真叶切掉下部，将切口削成楔形，楔形面长度与砧木切口相当，注意保湿防萎蔫；将接穗插入砧木的切口中，用嫁接夹固定，以上操作可两人配合完成。具体操作步骤详见下图。

1 适龄砧木

 去掉砧木苗的生长点

3

将砧木茎从中间劈开一个小口

4

将接穗切面削成楔形

5

削好的接穗

6

从苗床取回的接穗保湿防萎蔫

7

将接穗插入砧木后用嫁接夹固定

8

成活的嫁接苗

Chapter 5 ｜**第五章**｜

嫁接苗管理

一、愈合期管理

嫁接后，接穗暂时得不到来自根系的水分和养分供应，因此关键是要保湿、遮光，防止蒸腾失水萎蔫，还要保证适宜温度，促进砧穗切面尽快愈合。有条件的应将嫁接苗移入愈合室进行精细的温度、湿度和光照管理。若没有愈合室，可采取如下措施，促进愈合和成活。

1.湿度管理

在育苗棚室内搭设小拱棚，将嫁接苗移入后向棚内喷雾，或在嫁接苗上方喷雾使叶面湿润后在上面直接覆盖干净的地膜，一周内湿度保持95%以上。

对嫁接苗喷雾使叶面湿润

嫁接苗上覆盖新地膜

2.温度、光照管理

可利用棚室的外遮阳系统遮光降温，也可在棚室内设置的小拱棚上覆盖遮阳网遮光降温，白天温度控制在25 ～ 28℃，夜间控制在18 ～ 20℃。

嫁接后棚室外遮阳

> **温馨提示**
>
> 　　高温季节，为降低温度，每天可利用自走式喷淋系统向覆盖嫁接苗的薄膜上喷淋2～3次，注意水量不要太大，薄膜上形成水雾即可。

　　无论冬季还是夏季，都应每天早、晚揭开覆盖在嫁接苗上的薄膜或小拱棚膜透光、透气1h，嫁接3d后可逐渐增加见光量及延长见光时间，7～10d后转入正常温度、光照管理。

棚室内搭设小拱棚保湿遮光

喷淋降温

二、成活后管理

1.环境调控

嫁接 7 ~ 10d 后，转入正常管理，白天温度控制在 22 ~ 25℃，夜间控制在 12 ~ 15℃，冬季应注意增强光照。

2.分级管理

幼苗开始生长后，若有生长不齐现象，应进行分级管理，以大苗、壮苗一起，小苗、弱苗一起精细管理，促进其生长。

3.肥水管理

视幼苗生长和天气状况，每天浇 1 ~ 2 次水，幼苗 2 片真叶后开始适当控制水分，促进根系发达，培育壮苗。中后期可随水喷施三元复合肥。

4.除萌

嫁接苗成活后应及时去除砧木上长出的不定芽，保证接穗健康生长。

除萌

5.幼苗锻炼

供苗前5 ~ 7d开始炼苗，逐渐加大通风量，降低温度，减少水分供应，增加光照时间和强度，供苗前1 ~ 2d喷足水分。

Chapter 6 | 第六章 |

幼苗生长异常及病虫害
综合防控

育苗期间环境条件不适合或管理不当，易产生一些影响商品苗质量的问题；另外育苗期间，一旦发生大面积病虫害将损失严重。本章将分别介绍育苗期间常见问题及其防控措施、病虫害的综合防控技术等。

一、幼苗生长异常及防控措施

1.出苗不齐

出苗不齐会导致幼苗大小不一，给管理带来不便，同时影响商品苗质量。导致出苗不齐的原因：主要有种子质量差、生活力低；种子陈旧；种子还处于休眠期；浸种时种皮上黏液未除净，水分过多，缺氧；播种过深或过浅或者深浅不一。因此，应精选种子；浸种时将种子表面黏液搓洗干净；尽量采用机械播种，播种深度一致，覆土均匀；并提供适宜一致的环境条件，最好在催芽室内完成发芽过程。

出苗不齐

出苗不齐导致的幼苗大小不一

2.戴帽出土

戴帽出土指种子出土时，种皮夹着两片子叶一同出土，这样的幼苗由于子叶无法正常展开，严重影响了真叶生长，难以形成壮苗。戴帽出土的原因主要是覆土太薄。防止戴帽出土的措施包括播后覆盖基质厚度要适当，一般瓜类蔬菜1～2cm，茄果类蔬菜0.5～1cm；待种子顶土时，若发现大量戴帽出土现象，应进行二次覆盖；对于已经出土的戴帽苗，先喷水，待种皮软化后人工摘帽，注意不要使子叶受伤。

戴帽出土

3.徒长苗

徒长苗叶片薄、颜色淡、茎细而长，须根少而细弱，抗逆性差。造成这一现象的主要原因：播种量过大，幼苗密而拥挤；幼苗出土时，高温、高湿、寡照；夜间温度过高；通风不良、水分过多、氮肥施用过量。因此，幼苗出土时应及时降低温度，加大昼夜温差，增加光照，减少浇水，合理施肥，徒长的大苗，必要时可采用烯效唑等生长调控剂控制徒长，但应严格规范使用浓度和剂量。

番茄苗徒长

4.低温冷害苗

　　冬季育苗易发生冷害，长期低温、寡照和基质湿度过高导致幼苗生长缓慢，叶片偏黄，不伸展，根系不发达，甚至发生逐渐腐烂现象。因此，冬季低温阴雪天尽量不浇水，以防穴盘内基质湿度过大，如温度过低，应及时启动地热、暖气、临时增温设备或加盖保温被等增温、保温。苗盘尽量放在育苗架上，干旱时可按需水情况分片浇水。一旦发生沤根应及时通风排湿，但要注意加强夜间保温，也可撒草木灰或细干土辅助降湿。

低温冷害苗（右）与正常苗（左）

5. 冻害与闪苗

温度骤然降低，使叶片萎蔫或呈水渍状，并慢慢干枯而死。产生原因：育苗设施简陋，保温性能不良，遇到剧烈降温或者遭遇大风、雨雪等灾害性天气；冬春季育苗，通风不当导致通风口附近的幼苗短时间内骤然被冷风吹袭导致叶片萎蔫，即所谓的闪苗。应注意增强育苗设施增温、保温性能；关注天气预报，降温时利用二道幕、临时加温设施提前做好保温防寒工作；通风时要掌握适宜通风量及通风口方位，在通风口下方设置挡

闪苗

风膜，缓解冷风直吹秧苗，防止出现闪苗。轻微受冻的苗，适当遮阳，使温度缓慢上升，并对叶面喷温水，剪除死亡组织后追施速效肥，促其尽快恢复生长。

通风口处设置挡风膜

6.烧苗

烧苗表现在叶片上，从边缘开始变成淡黄色，再逐渐变成白色或黄色，变色范围局限在叶缘，基本上不会扩张到整个叶面。表现在根系上，根尖发黄，须根少且短，导致地上部分生长缓慢、矮小，叶小皱缩，易形成小老苗。最严重的为脱水型，施肥后，地上部的叶片出现萎蔫，并且逐渐干枯死亡。主要原因是肥料浓度过大、基质肥料浓度过高或基质中肥料分布不均匀，或基质消毒后仍残留有药剂。因此，应合理施肥，均匀施肥，不施未充分腐熟的有机肥，基质消毒后充分翻晾，待基质中的药味散尽后再使用。

烧苗

烧苗导致的幼苗萎蔫死亡

 温 馨 提 示

如发现烧苗应及时小水勤浇，适当通风。

7.小老苗

小老苗也称老化苗，症状是叶片色深，发暗，苗矮小，茎部硬化，根系发育差，生理活性低，代谢不旺盛。产生原因包括育苗温度低、干旱、营养缺乏、生长调节剂使用不当等。防控措施包括育苗期间保持适宜的温度，加强肥水管理，合理使用生长调节剂等。

黄瓜小老苗

二、病虫害综合防控技术

猝倒病和立枯病是瓜类和茄果类蔬菜嫁接育苗过程中最常见的病害，此外，炭疽病、疫病、霜霉病、茎基腐病等真菌性病害及细菌性病害也时有发生，常见害虫有蚜虫、粉虱等，应采取综合防治措施。

蚜虫　　　　　　　　　　　　粉虱

1.育苗环境消毒

育苗场要清洁，育苗设施、育苗基质及用具要严格消毒，具体方法参见第三章相关内容。

2.选择抗病品种

筛选优质、高产、嫁接亲和力强、抗病性好的砧木和接穗品种，选用包衣种子，或播前对种子消毒处理。

3.农艺措施

包括科学管理和环境调控，保证适宜的温度、光照和水肥条件，培育健壮幼苗，防止设施内湿度过高；嫁接前砧木和接穗喷药预防病虫害；嫁接过程中注意用具消毒；嫁接后保证适宜的愈合条件，使伤口尽快愈合，防止伤口感染；一旦发现病苗应及时清理，集中销毁。

4.物理措施

棚室通风口和门口设置40目以上的防虫网，棚室内在高出幼苗20cm左右处悬挂黄色粘虫板，诱杀蚜虫和粉虱；悬挂蓝色粘虫板诱杀蓟马，每亩[*]设置中型板（25cm×30cm）30块左右，大型板（30cm×40cm）25块左右。

防虫网　　　　　　　　　黄色、蓝色粘虫板

5.生物措施

应用益生菌剂或植物免疫诱抗类产品提高幼苗抵抗力；应用生物农药防控病虫害，如用小檗碱、蛇床子素防控真菌性病害；应用苦参碱防控蚜虫等。

6.化学防治

选用低毒、低残留农药防控病虫害。用噁霉灵、咯菌腈、精甲霜·锰锌、霜霉威盐酸盐、嘧菌酯防治真菌性病害；噻唑锌、中生菌素等防治细菌性病害；用噻虫嗪、吡虫啉等防治虫害。低温季节尽量使用烟雾剂、粉尘剂以降低棚内湿度，用药间隔7～10d，视病情连续防治2～3次，注意轮换用药。

注：亩为非法定计量单位，1亩≈667m^2。

Chapter 7 ｜第七章｜

商品苗运输及栽植后的
管理

一、商品苗标准

1.瓜类蔬菜

黄瓜、甜瓜和西瓜等瓜类蔬菜，冬春季苗龄适当大些，3～4叶1心，株高10～15cm，嫁接口愈合良好，根系嫩白密集，根坨完整，叶片肥大，伸展良好，秧苗整齐一致且无机械损伤、无病虫害。夏季苗龄可适当小些，1～2叶1心，株高8～12cm，其他同冬春季。

2.茄果类蔬菜

番茄、茄子、辣椒等茄果类蔬菜，冬春季苗龄4～6叶1心，节间短，生长健壮，嫁接口愈合良好，根系嫩白密集，根坨完整，叶片肥大，伸展良好，秧苗整齐一致且无机械损伤、无病虫害。夏季苗龄3～4叶1心，其他同冬春季。

二、商品苗运输

商品苗运输过程中应快装快运、轻装轻放，运输车内及所用箱体应清洁卫生，防晒防雨，通风良好，避免温度过高或过低。最好配备恒温车，车厢内配苗盘架，苗盘底部及四周加铺垫物防颠簸、防滑脱，防止机械损伤。

 温 馨 提 示

长距离运输过程中注意适当喷水保湿，防止幼苗萎蔫。

三、商品苗栽植及栽植后管理要点

由于砧木的作用，嫁接苗一般生长发育速度快、植株生长旺盛，管理上也应采取相应措施，才能发挥其抗病、丰产效应，在嫁接苗栽植及栽植后的管理上，应特别注意以下几点。

恒温车运苗

恒温车内配苗盘架

1.定植深度

栽植时，应注意不要把嫁接口埋入土中，嫁接口一定要露出地面，以免接穗产生不定根，感染病原，导致土传病害发生，丧失嫁接的意义。

2.栽植密度

嫁接苗一般比自根苗的生长势要强，且生长期也长，定植时应适当稀植，不宜过密。

3.去嫁接夹和除萌

缓苗后，随着幼苗开始生长，有的嫁接夹可以自行脱落，但若不能脱落，应人工去掉嫁接夹，以防影响幼苗生长。有的嫁接苗的砧木还会长出侧枝，也应及时除去。

4.及时支架、吊蔓

目前生产中西瓜、甜瓜仍有一部分爬地栽培，应注意防止接穗茎蔓产生不定根，感染土传病害，提倡支架或吊蔓栽培。另外，嫁接苗的接口部位一般质地较硬，容易折断，日常管理应注意避免机械伤害。

吊蔓番茄

吊蔓甜瓜

5.肥水管理

一方面嫁接苗根系吸收能力强，长势旺，应注意适当减少肥水供应，特别是生长前期，以免嫁接苗因长势过旺而疯秧，影响坐果。根据土壤肥力水平，前期可减少水肥10%～30%。另一方面，嫁接苗产量高，结果后应加强肥水管理，满足其对水分、养分的需求，发挥其增产潜力。

6.病虫害控制

嫁接不能防治所有病害，特别是地上部病害。应根据砧木的抗病类型和接穗抗性特点，做好病虫害的综合防控。

7.再生栽培

嫁接蔬菜植株的生长势强，并且具有较强的侧枝萌发能力，可利用嫁接蔬菜的优势进行再生栽培，即当植株地上部结果盛期过后，从植株主干下部剪断，让下部腋芽抽生新枝，重新开花结果。如茄子平茬（嫁接口上留10～20cm的茎）后，可在茎基部嫁接口之上萌生的侧枝中选择1～2个留下来进行再生栽培，可节省换茬带来的种苗、人工等成本。

主要参考文献

陈贵林, 乜兰春, 李建文, 等, 2010. 蔬菜嫁接育苗彩色图说 [M]. 北京: 中国农业出版社.

崔强, 乜兰春, 贾明飞, 等, 2019. 果类蔬菜冬季集约化嫁接育苗关键技术 [J]. 北方园艺 (8): 182-185.

邸宝东, 2011. 蔬菜再生栽培形式选择及栽培技术要点 [J]. 吉林蔬菜 (6): 37-38.

范双喜, 王绍辉, 2005. 高温逆境下嫁接番茄耐热特性研究 [J]. 农业工程学报, 21(5): 60-63.

花小红, 2017. 茄果类蔬菜工厂化穴盘育苗技术 [J]. 上海农业科技 (2): 64-66.

纪淑娟, 程英魁, 2012. 蔬菜嫁接栽培管理技术要点 [J]. 吉林蔬菜 (3): 11-12.

梁欢, 王希波, 葛米红, 等, 2018. 砧木和接穗苗龄对顶插接法西瓜嫁接苗生长发育的影响 [J]. 中国蔬菜 (3): 4.

刘成静, 王崇启, 焦自高, 等, 2009. 高温胁迫下西瓜嫁接苗耐热性和保护酶活性的研究 [J]. 长江蔬菜, 2b: 50-53.

刘慧英, 朱祝军, 吕国华, 2004. 低温胁迫对嫁接西瓜耐冷性和活性氧清除系统的影响 [J]. 应用生态学报 (4): 659-662.

卢昱宇, 冯伟民, 陈罡, 等, 2014. 蔬菜嫁接技术研究进展及应用 [J]. 江苏农业科学, 42: 167-169.

孟宪磊, 2005. 蔬菜嫁接好处多 [J]. 中国果菜 (1): 16.

齐红岩, 关小川, 李岩, 等, 2010. 嫁接对薄皮甜瓜果皮和果肉中主要酯类、游离氨基酸及酯类合成相关酶活性的影响 [J]. 中国农业科学 (9): 1895-1903.

钱利国, 赵发辉, 王文霞, 2017. 蔬菜嫁接育苗技术的应用与发展[J]. 种子科技(9): 83-86.

王爱民, 邹瑞昌, 鞠丽萍, 等, 2020. 常见蔬菜嫁接育苗及栽培关键技术[J]. 长江蔬菜(23): 37-40.

薛书浩, 2014. 蔬菜嫁接苗的生理特点及管理技术[J]. 中国园艺文摘(1): 169-170.

阳燕娟, 王丽萍, 高攀, 等, 2013. 嫁接提高蔬菜作物抗逆性及其机制研究进展[J]. 长江蔬菜(22): 1-10.

于贤昌, 邢禹贤, 马红, 等, 1997. 黄瓜嫁接苗抗冷特性研究[J]. 园艺学报, 24(4): 37-41.

周宝利, 孟兆华, 李娟, 等, 2012. 水分胁迫下嫁接对茄子生长及其生理生化指标的影响[J]. 生态学杂志, 31(11): 2804-2809.